看那老农在泥沼地里挥动长镰刀
用力砍倒与人同高的硕大植株
好个力拔山兮的大气势
回荡在天地之间

慈姑的可食部位是球茎
早在明代以前即被列为替代粮食的救荒植物
同株一年能生十多子
有如慈爱母亲养育子女
在民间习俗里寓意添丁、多子
才有这“慈姑”之名

11 月天寒水冷，农妇们身着厚重的衣裤
脚穿雨靴，手戴手套和袖套
躬身在田中掏挖慈姑
泥土沾满手脚，泥浆喷上脸庞
却掩不住满心的欢喜

黝黑、丰腴的泥土是大地之母
刚出泥沼的慈姑闪动着洁白的本色
那默默劳动的身影呈现人与土地的和谐共处
犹如米勒画作拾穗之美

慈姑序

慈姑虽微有苦味，却苦中带甘，口感独特，并且不易糊烂，营养丰富，被誉为是品“格”很高的食物，是值得推广的美食。民间把慈姑又叫“嫌贫爱富菜”，慈姑与肉类同烧，又能扬长避短，相得益彰，既降低了肉类的肥腻，又消减了过度的苦涩感，是绝妙的搭配。

慈姑长什么样子？它最引人注目的特征便是叶子：下端分为两叉，像剪刀，又像箭头，造型独特，显得十分俏皮可爱，所以慈姑又被俗称为“剪刀草”“箭搭草”“燕尾草”，还能开小白花，在很多地方都被当作观赏植物。

慈姑生在浅水里，在烂泥之下，还长着一条条长长的匍匐茎，先端有一个膨大呈卵形的球茎，顶部还有一个弯弯的尖芽，这个球茎，就是可以吃的部分。一株慈姑长着十几个小球茎，被比喻为慈爱的母亲，也因此而得名。野生慈姑个小苦涩，食用不多，但在荒年却是可以充饥救命的食物。

明清以来，南方很多地方都开始栽培慈姑，逐渐形成不少植株高大、产量高、口感好的优良品种。苏州是温暖的水乡泽国，气候、环境都极适合慈姑生长，也培育出了诸如“苏州黄”之类的优秀品种。此外江苏的紫圆、浙江的沈荡、广东的白肉慈姑，也都是著名的慈姑品种。人工栽培慈姑，一般在春季用去年留种的慈姑育苗，5～6月份移栽大田，大约到了秋末便可采收，直至来年3月，是水乡冬春比较重要的水生蔬菜。

苏州东部的娄葑镇，曾是慈姑比较重要的产地，但20世纪90年代以来，因为苏州工业园区的开发，慈姑栽植几近绝迹，而转移到稍远的车坊、甪直等地。车坊江湾村的胡敬东主任是热心人，在他帮助下，我们一次次来到江湾村，到水田中观察记录育苗、移栽、管理、采收的过程。

对于江南人来说，微苦的慈姑是充满乡味的食物，北方人则容易丈二和尚摸不着头脑。书中还记录了几则当地常吃的慈姑食谱，以及各地人对于慈姑的感受和回忆的文章。文史篇则是关于慈姑的许多有趣风俗和艺术运用。希望能给见过观赏慈姑却没吃过慈姑的读者，带来一些地方风物体验。■

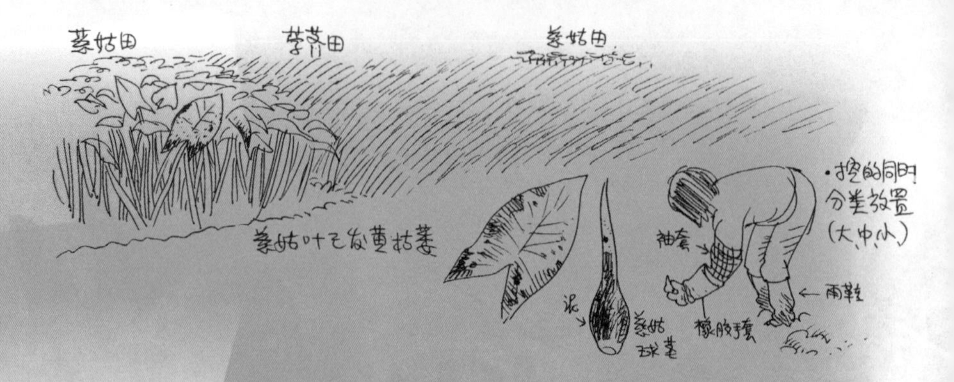

采访手记

●江湾村的慈姑田

苏州车坊江湾村的水八仙种植，慈姑是面积最大的几种之一。2010年8月，汉声编辑刘镇豪、陈诗宇来到江湾村采访。水田中，大部分都是慈姑和荸荠这两种作物，交错分布。初到江湾，我们便被它独特的形态所吸引。与一旁纤细如长针，叶片绵延起伏的荸荠相比，慈姑植株显得十分巨大，一丛丛宽大的箭形叶密密麻麻，直指向天。叶柄从根部抽出，长可达1米，一株慈姑能抽出十来根叶片，折下一片切开一看，叶茎中间都是疏松的海绵结构。这时的慈姑，已经进入生长最旺盛的时候，正是这些疏松的海绵气管，从叶面源源不断地输送氧气养分往慈姑的各个部分，尤其是地下茎，以贮藏养分。

●连在地下长带上的慈姑球

慈姑也开花结果，但是食用部分却不在陆地上。9月再来到江湾，便能看到田中零星生出的一枝枝小白花。部分慈姑陆续从叶腋抽生花梗一两枝，结实后形成密集的球形瘦果。与此同时，根基往下抽出一根根的匍匐茎，生长在匍匐茎末端的球茎，因为颜色发白，所以又被称为“白地栗”。9月中地下球茎已经初步生成，但尚未成熟，我们请一位穿着江南水乡传统服饰的农妇帮我们下田掏出几根匍匐茎，可以看到其末端膨大成略长的球卵形，直径3～4厘米，顶芽呈尖嘴状，略弯曲。一般每株能抽生十余枝，农民

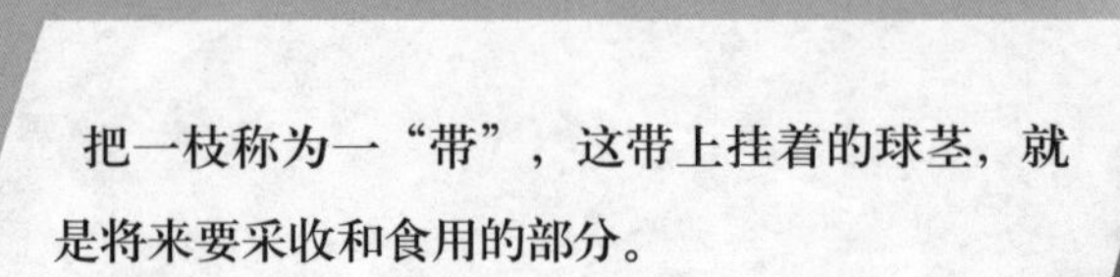

把一枝称为一“带”，这带上挂着的球茎，就是将来要采收和食用的部分。

●采收流水线

11月初，再次探访江湾村时，慈姑叶已经发黄枯萎，变得略微疏朗。田中的水已经排尽，只剩下淤泥，方便下田采收。远远看去，有一块田中，十来个农民正在躬身劳作，他们身后有半片慈姑田已经采割完。这块田面积大约一亩，东西狭长，在还未采割的水田最前沿，一个老农正用镰刀一株株地把慈姑的地面植株，贴泥面割下，随即抛在后面的田上，老农妇跟着将土地挖松。在他们身后，七位农妇一字排开，穿着橡胶雨靴，手戴橡胶手套和袖套，有的还扎着头巾，躬身在田中掏慈姑。每人面前都有一个脸盆，双手深深插入泥泞的田中翻掏，

（下转第36页）

慈姑全株图解

慈姑是属于泽泻科慈姑属的多年生直立水生草本植物。原产中国，是南方常见的水生蔬菜，多利用终年积水的低洼地带种植，在江苏省太湖和里下河地区具有悠久的栽培历史。东南亚及日本、欧洲、美洲也均有栽培。慈姑的食用部分为地下匍匐茎先端膨大的球茎，富含淀粉，可生食或熟食，制成各种菜肴；又可制造淀粉，作为食品加工原料；也可入药，消疮丹毒，厚肠胃，止咳嗽。春夏栽培，一般亩产750～1000公斤。冬季球茎生长成熟后，可马上采收，或地上部分枯死后，在田中过冬延至早春采收，采收期可从头年11月份延续至来年3月底。耐贮运，包装后易存放不怕摔打，可长途运输。常与荸荠、藕、茭白等轮作或套作。

档案

分　类：被子植物门、单子叶植物纲、沼生目、泽泻亚目、泽泻科、慈姑属

学　名：Sagittaria sagittifolia Linn.（欧洲慈姑）；Sagittaria trifolia Linn.var.sinensis（华夏慈姑）

别　名：茨菰、燕尾草、剪刀草、白地栗、芽菇等

原产地：中国

分　布：亚洲、欧洲、美洲

中国主产地：长江流域各省市、珠江三角洲等

食用部位：地下球茎

生长期：4月至11月

采收期：11月至来年3月

体 牌

体 株器 全株图解

叶

慈姑的叶子由叶片和叶柄组成，叶柄从根部抽出，粗而长，可达1米，呈柱状，靠近内侧有凹陷，凹陷处有棱。外面为一层绿色表皮包裹，可进行光合作用，中间为海绵状的气孔，是运输氧气的通道，将氧气源源不断向根系和匍匐茎输送，是球茎膨大所需氧气的来源。叶片宽大，呈箭头型，顶端裂片三角状披针形，下部两个裂片披针形。长25～40厘米，宽约20厘米。

【叶柄横切面】 叶片 叶柄 花 果 【球茎】 鳞片叶 顶芽 环状节 匍匐茎 短缩茎 【短缩茎剖面图】 须根 球茎

花

慈姑大多不开花，也有部分慈姑从叶腋抽生花梗1～2枝。总状花序，3朵成轮，聚成圆锥花序。花白色无香味，有花萼和花瓣各3枚。雌雄同株异花，上部为雄花，雄蕊多数；下部为雌花，心皮多数，集成球形。

果

雌花结实后形成瘦果，扁平带翅，密集，内有种子。慈姑种子有繁殖力，但生产上多利用球茎上的顶芽进行无性繁殖，以保证优产。

慈姑的白色小花

慈姑的球形瘦果

茎

慈姑茎分为短缩茎、匍匐茎、球茎三部分。

短缩茎：慈姑主茎为"短缩茎"，着生于地表，连接地上部分和地下部分。每生长1节则向上抽生叶片1张，向下抽生匍匐茎和须根。

匍匐茎：植株具有7片大叶时，从短缩茎上的腋芽向下抽生根状的匍匐茎，具节，节与节之间不生叶、芽，一般为10～15条，长40～60厘米，粗1～1.5厘米，分布土层20～25厘米。每长1片叶，发生1条匍匐茎。

球茎：匍匐茎先端膨大为球茎，贮藏大量养分，为食用部分。形态因品种不同有球形、扁圆球形、卵球形等。高3～5厘米，直径约3～4厘米，具2～3道环状节，节上着生褐色鳞片叶，顶芽呈尖嘴状，略弯曲。慈姑一般以球茎的顶芽繁殖。

根

慈姑根为肉质须根系，较松嫩，但很粗长，可长达50厘米，一般扎根于土层25～40厘米间，伞状分布短缩茎四周。部分根是穿过叶柄基部而进入土中。有细小分支，以及细如线状的短须，但无根毛，着生于短缩茎基部。

须根除具有固定植株，吸收肥水的功能外，还可暂时贮存养分。

造

境 生长环境

慈姑性喜温暖湿润，不耐霜冻和干旱。要求土质疏松肥沃、含有机质多的浅水环境。

在植株茎叶生长期要求较长的日照、较高的温度和充足的阳光，但温度过高种植过密时，易生黑粉病。慈姑球茎形成期，需要短日照条件，在气候凉爽、日温较高、夜温较低、水层较浅时，有利于球茎形成和膨大。

江湾村的烂泥田，土质疏松肥沃，适合慈姑生长

造

栽

栽培方式

●轮种・套种

慈姑一般与茭白、藕、荸荠等进行轮作和套作，前茬可以是藕、茭白、早稻等，在藕塘、茭白田收获之后改种慈姑，同一块地次年一般改种荸荠。

以江湾村为例，一般常用“藕、茭白—慈姑—藕、茭白—荸荠”的“两年四熟”轮种模式：

第一年春季种藕与茭白，于4月上中旬整地种植，8月上旬收藕。慈姑另田于4月播种育苗，5月移栽滩地繁殖种苗，8月上旬收藕后定植，11月到第二年3月采收。第二年3月上旬再次栽植早熟品种藕与茭白，6～7月采收嫩藕。荸荠也于6月另田播种育苗，7月左右栽植本田，11月上旬至第三年2月采收。

●育苗

选种：慈姑在生产上都是利用球茎无性繁殖，为保持优良种性要进行选种。“苏州黄”的标准是“短柄三道衣”：顶芽粗短不易疯长，球茎上有三道环节表明形体大，易丰产。

催芽育苗：旱水慈姑在4月上旬将球茎顶芽留一道环节切下，装入蒲草包内浸入水中催芽。催好芽的顶芽，需插入秧田育苗。晚水慈姑则于5月上旬将堆藏的球茎取出，投入水塘或水泥船舱中直接育苗。

长出新苗的慈姑

江湾村河边船舱中正在育苗的晚水慈姑

●大田栽植

移栽时间：慈姑的移栽定植期范围较长，可持续4个月，旱水慈姑一般5月下旬开始移栽，晚水慈姑可一直栽至8月初。

每日早晨6点或傍晚太阳西斜时开始种，此时水温不高，易于植株成活也便于劳作。中午高温时不种。

种植密度：旱水慈姑生长期长，植株大，行株距约为40厘米见方，一般每亩3300～4000株；晚水慈姑生长期短，植株稍小，种植间距略密集，每亩4000～5000株。种植时在田中拉线，沿线将植株插入田中。栽时将秧苗根部插入土中约10厘米，同时在田边栽植预备苗，以备补缺。栽种后保持2～3厘米水层。

准备定植的慈姑苗

“两年四熟”轮种模式

（月份）

第一年 | 第二年

4 5 6 7 8 9 10 11 12 1 2 3 4 5 6 7 8 9 10 11 12

藕 / 茭白 | 慈姑 | 早藕 / 茭白 | 荸荠

套种 | 轮种 | 套种 | 轮种

近处为刚排藕的旱藕塘，四周套种茭白；远处田块为上一季采收后的荸荠田

株 生长过程

萌芽期

4月上旬～4月下旬

清明谷雨期间，从慈姑顶芽萌发过渡叶，抽发根系。

茎叶生长期

5月上旬～8月下旬

立夏以后，慈姑茎叶逐渐开始旺盛生长，抽出正常叶，开始每7～10天抽生1叶，以后随气温升高，每5天抽生1叶，叶片面积不断扩大，至8月中下旬叶片生长达顶峰。

匍匐茎抽生期

7月上旬～8月下旬

小暑以后，叶片长到第七片时，开始抽生地下匍匐茎，俗称“下带”，一叶一茎。大暑之后，茎叶生长旺盛，最旺盛的时期，叶片总数可达十几片。并且抽出相应数量的匍匐茎。

球茎膨大期

9月上旬～11月上旬

处暑以后，植株地面部分生长缓慢，匍匐茎末端开始膨大，养分转向储存，球茎逐渐肥大充实。11月经过霜冻以后，地上植株枯死，球茎也完全成熟了。

开花结实期

9月上旬～11月上旬

部分慈姑植株能从叶腋抽生花梗1～2枝。总状花序，雌雄异花。花白色，花萼、花瓣各3枚。雄花雄蕊多数。雌花心皮多数，集成球形，结实后形成多数密集的瘦果。

越冬休眠期

11月上旬～来年3月下旬

气温由15摄氏度降至3摄氏度过程中，慈姑地上部分停止生长并枯死，养分全部转入球茎贮藏，进入越冬休眠。

系 品种

慈姑属植物约有30种，多数种类集中在北温带，有冠果草、欧洲慈姑、浮叶慈姑、利川慈姑、小慈姑、矮慈姑、腾冲慈姑、高原慈姑等。各种间植株大小、叶片形态差异较大。有的全草可入药，有些可供观赏，有的为栽培食用。

其中的野慈姑（或称慈姑）为我国分布较广的品种，其下有野生原种以及剪刀草、华夏慈姑两个变种。剪刀草植株较细弱，叶片更为窄小，匍匐茎一般不膨大为球状，通常可作为观赏植物种植。本书重点介绍野慈姑的培育变种“华夏慈姑”，相比之下植株高大粗壮，叶片宽大肥厚，顶裂片先端钝圆，卵形至宽卵形，圆锥花序高大，匍匐茎先端膨大的球茎较大。

华夏慈姑在中国各地形成了许多著名地方品种，一般根据球茎的形态和颜色可分为黄白慈姑和青紫慈姑两大类。黄白慈姑有苏州黄、白肉、广州沙姑、沈荡等，青紫慈姑如宝应紫圆。

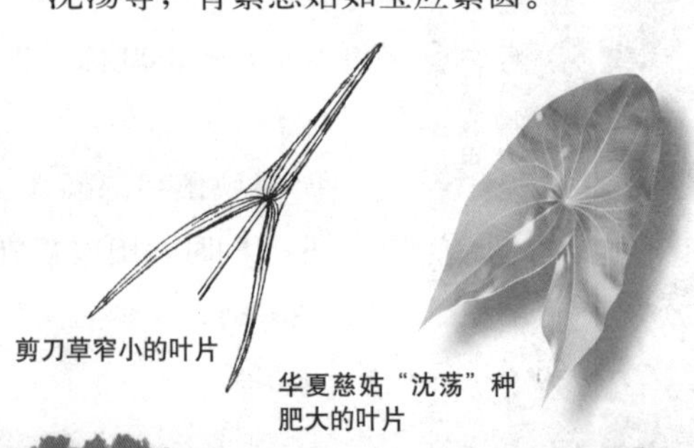

剪刀草窄小的叶片

华夏慈姑“沈荡”种肥大的叶片

●苏州黄

原产苏州市郊，现江苏南部与浙江有引进种植。其特色是皮色黄、肉白、质地香糯细腻、苦味少，为江苏著名优良慈姑品种。

●沈荡

原产浙江省海盐县沈荡镇，现为苏州种植主要品种。皮色淡黄，肉色黄白色，鳞衣黄褐色。晚熟，淀粉含量高，质软，几无苦味，品质较好，与苏州黄较接近。植株抗逆性较强。

●紫圆

又名侉老乌。原产江苏省宝应县，里下河地区种植较多。球茎近圆球形，皮青紫色，肉白色。中晚熟，肉质紧密，略带苦味，品质较好，耐贮藏。

注：此页品种照片来自《苏州水生蔬菜实用大全》

收 采收

约 11 月初，慈姑地面部分的茎叶干枯发黄，说明球茎开始成熟，可以进行第一批采收。

初霜以后，慈姑大面积枯萎倒伏，则可以大规模采收了。

采收前一周需要先排水使田中略干，便于采挖。一般一亩田需要十来个劳动力，采收时，起首一位农民先用镰刀将慈姑的地面植株贴泥面割下，抛在后面的田上。其余的农民，穿着橡胶雨靴，手戴橡胶手套和袖套，在田中掏慈姑。每人面前都有一个脸盆，双手插入田中，摸到慈姑便挖出，放入脸盆中，然后集中传递到一侧的田埂中装袋。由于慈姑的地下根茎已经基本枯烂，可以比较省力地挖出来。

采收之后，慈姑装袋运至附近沟渠河道边，用船上简单的装置运用杠杆原理将慈姑清洗干净。

慈姑可一直留存田间持续采挖，或者采收后简易贮藏，直至翌年春季。

采收慈姑前先将未干枯倒伏的植株地面部分砍倒

砍

将砍倒的慈姑植株抛开

抛

双手插入烂泥中掏挖出地下的慈姑

挖

把挖出的慈姑放入盆里

放

慈姑的采收

一人带头砍倒、抛开枯黄的植株
以便采收泥地里的慈姑
七位农妇在田中随后排开
“砍、抛、挖、放、分、歇、收”
沾满泥土的农作令人眉开眼笑
挖出的慈姑按大小分类置放盆里
偶尔站直身躯歇一会

正是人与大地、农作共谱的丰收之歌

管 田间管理

●水分调节

慈姑从定植一直到球茎膨大期开始，都需要浅水灌溉，但每个阶段需要的水分又略有区别，水位调控以“前浅、中深、后浅”为宜。

定植初期：因为植株小，蒸发量少，水位宜浅，控制在2～3厘米，以提高土温，促进生长。

茎叶生长期：种植前期至匍匐茎抽生前，保持水深7～10厘米。

匍匐茎抽生期：种植中期，匍匐茎抽生，气温炎热，宜增加水深至13～20厘米，有利于降温。

旺盛生长后期：种植后期，气温转凉，需水量和蒸发量减少，水深可降至7～10厘米。

球茎膨大期：种植末期，放水保湿，促进球茎生成，并方便采收。

时期	时间	水位
定植初期	4月～5月	2～3厘米
茎叶生长期	6月上旬～7月上旬	7～10厘米
匍匐茎抽生期	7月上旬～8月下旬	13～20厘米
旺盛生长后期	8月下旬～10月下旬	7～10厘米
球茎膨大期	10月下旬	放水保湿

不同时期慈姑田水位高度

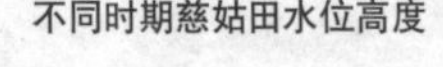

生长旺期的慈姑，如果种植过密，通风透光度不足，易产生病虫害

定植时在田中拉线定位，沿着线将慈姑苗栽入水田中

●施肥

慈姑生长期需肥量大，宜采用基肥为主、追肥为辅的原则。在定植成活后、匍匐茎抽生期、球茎膨大期均需追肥。

●耘田

从慈姑栽植1个月至形成球茎期间，需经常进行耘田、除草、捺叶工作。耘田除草多结合“捺叶”，即把植株外围黄叶捺入根部土中，同时将外叶和老叶剥去，有助改善通风透光，减少病虫害。新叶抽生时向根际培土，以利球茎生长。

●圈根

慈姑生育后期，在距植株6～9厘米处，用刀插入土中10～15厘米，转割一圈把部分老根和匍匐茎割断，俗称“圈根”，以促进新匍匐茎形成以及顶端膨大。对于定植较迟的慈姑多采用“压头”，即将伸出土面的分株幼苗，用手斜压入土中10厘米左右，以压制其地上部分生长，促进形成肥大的地下球茎。

慈姑的营养与功效

文：黄文宜（中医师）

【饮食养生】

◎**营养成分**：在水生蔬菜中，慈姑的热量、蛋白质、碳水化合物、维生素 B_1、不溶性纤维、烟酸、维生素 E、磷、钾、镁、铁、锌、铜的含量都比较高，可见营养丰富。此外还含有蔬菜中少见的维生素 B_{12}，与叶酸和铁共同作用可治疗贫血。

◎**饱腹佳品**：富含淀粉的慈姑，可增加人体的热量与饱腹感，在水乡遇上荒年时常作为救荒食品，而口感也极像高淀粉的土豆。通过数据比较可见，除了胡萝卜素与维生素 C，慈姑大部分营养成分都高于土豆。

◎**高能**：慈姑含有大量碳水化合物，保证了机体组织的构成与能量供应。

◎**高纤**：慈姑纤维含量高，对胆固醇具有较强的吸附作用，是非常健康的减肥佳品。

【饮食治疗】

◎**性味归经**：性微寒，味苦甘。入心、肝、肺、足太阴、厥阴经。

◎**功能主治**：可润肺止咳、清热消炎、通淋行血、补中益气。解百毒，下石淋。

◎**食疗验方**：【淋浊】：慈姑根块六两，加水适量煎服。【肺虚咳血】：生慈姑数枚，去皮捣烂，蜂蜜米泔同拌匀，饭上蒸熟，热服效。【无名肿毒，红肿热痛】：鲜慈姑捣烂，加入生姜少许搅和，敷于患部，每日更换2次。【骨膜炎】：慈姑、红糖各适量。捣烂敷患处。慈姑叶主治【诸恶疮肿，小儿游瘤丹毒】：捣烂涂之，即便消退，甚佳。【蛇、虫咬】：捣烂封之。【瘙痱】：调蚌粉涂之。

◎**花叶有益**：我们平时食用的都是慈姑地下球茎部分，其实地上部分也有丰富的药用价值。慈姑地上全草含有生物碱、少量皂苷、黄酮及慈姑醇等成分。传统中医指出，慈姑花叶可消除各类疮肿。

【饮食节制】

◎多食发虚热，及肠风痔漏崩中带下，令冷气腹胀。损齿，失颜色，皮肉干燥。卒食之，使人干呕。小儿食多，令脐下痛，以生姜同煮可解毒。

◎经现代研究，慈姑含有蛋白酶抑制剂，过多食用易影响食物的消化吸收，证实了多吃慈姑易腹胀的中医观点。

◎此外因慈姑淀粉含量高，糖尿病人食用时要减少主食量。

【饮食禁忌】

◎孕妇忌食，能消胎气。勿与吴茱萸同食。

◎因慈姑表面易富集重金属铅，故烹制前应去除表皮和顶芽。

◎慈姑含磷较高，红霉素与富含钙、磷、镁的食物，会延缓药效或减少药物的吸收，降低药物的灭菌作用。服用红霉素期间，避免同时食用慈姑。■

注：

①文中所涉营养成分含量，均依据《中国食物成分表（第一册）》，北京大学医学出版社，2009年第2版。

②文中所涉中医内容，主要参考《本草纲目》等古籍。

焐熟慈姑

苏州市江湾村 胡敬东制作

主料：

慈姑 500 克

要诀：挑选慈姑时，特别白的反而不好，要选本色略黄的。

调料：

盐 1 小匙

准备：

将慈姑洗掉泥沙，去皮去芽，再次洗净。

制作：

1 锅中加足量水，以没过慈姑为准，加盐1小匙，放入慈姑，盖锅大火煮开。

2 转为小火，煮1小时，即可出锅。

慈姑的采收

按照大小分类堆放

站直歇口气

处理贮藏

刚采收下的慈姑带有大量淤泥，可于水边船上立一杆，挂一根杠杆。将慈姑倒入网兜之中，再悬于杠杆一端，浸入水中，上下搅动杠杆，将网兜中的慈姑淘洗干净。

将漂洗后的慈姑，进行优选，剔除伤残部分，分级装袋，即可以贮藏或者运输贩卖。

淘洗后的慈姑

农妇喜悦地捧起刚采收的慈姑

河道边用杠杆和网兜淘洗慈姑

慈姑饼

苏州礼耕堂点心师 宋兆远制作

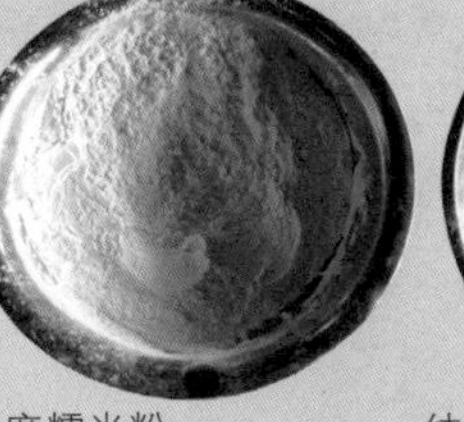
水磨糯米粉

纯糯米粉

粘米粉

白糖

豆沙

慈姑片

食用油

主料：

慈姑 150 克
纯糯米粉 1/3 杯
水磨糯米粉 1 杯
粘米粉 1/6 杯
豆沙 70 克

调料：

食用油 1/6 杯
白糖 1/3 杯

特殊工具：

饼模

准备：

将慈姑切去芽柄，去皮，洗净，切成厚约 3 毫米的小片。

制作：

1 将慈姑片放入蒸锅，大火蒸 10 分钟，至熟烂。

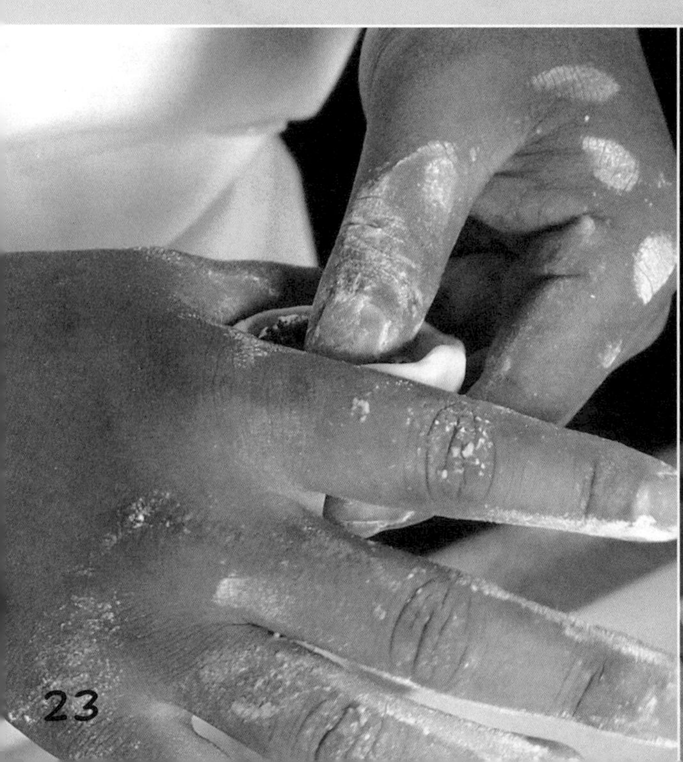
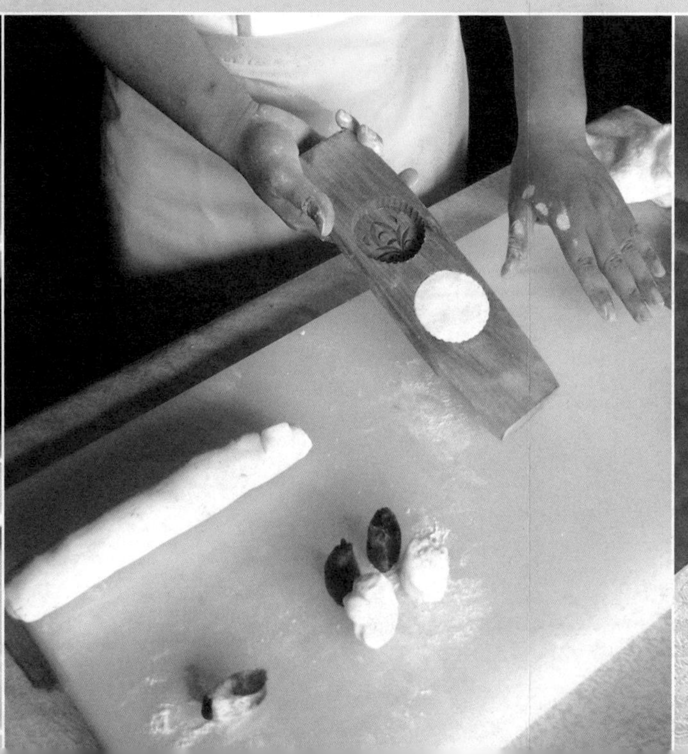

当地人将小火慢煮
使食物成熟的做法称为『焐』
焐熟慈姑是最简单的慈姑吃法
慈姑富含淀粉和纤维，营养全面丰富
高于土豆和红薯等同类食物
甚至可作为粮食的补充

油氽慈姑片

苏州市江湾村 胡敬东制作

薄薄的慈姑片，看上去与薯片无异
但口感却更胜一筹
是苏州当地很有名的下酒小菜
也是孩童喜欢的小食

主料：

慈姑 500 克

调料：

盐 1 小匙
食用油足量

准备：

1 将慈姑洗掉泥沙，去皮去芽，洗净，纵切成约 1 毫米或更薄的薄片，漂洗干净。
2 沥去水分，摊开晾至干透。

制作：

1 锅中放足量油，以能没过慈姑片为准，加盐 1 小匙，大火烧至七成热，即油将冒烟时，转为中火。
2 倒入慈姑片，炸约 1 分钟，视其发黄，捞出。
3 控干油分，晾凉，即可食用。

慈姑中含有大量淀粉
适合和拌成泥，作为点心外皮
豆沙的甜中和了慈姑淡淡的苦味
食之不腻

2 放入搅拌机，加适量水，打成慈姑泥，倒入大盆。

3 往慈姑泥中加纯糯米粉 1/3 杯，水磨糯米粉 1 杯，粘米粉 1/6 杯，糖 1/3 杯，向同一方向揉拌均匀，再加入 1/6 杯食用油，揉和成团。

4 将揉好的面团搓成长条，以 25 克一团一一揪下。将豆沙同样搓成长条以 15 克一团揪下。

要诀：案板上可撒少许水磨糯米粉防粘。

5 将豆沙包入面团中，用虎口收口，包口向下按进饼模中，倒出即成型。

6 蒸锅中放适量水烧开，将慈姑饼放入蒸屉，大火蒸 5 分钟，即可出锅。

慈姑烧块头

苏州市江湾村 胡敬东制作

主料：

慈姑 500 克

块头（即五花肉，当地又称条肉）1000 克

调料：

酱油 1/2 杯

料酒 1 大匙

姜片 4 片

白糖 2 大匙

蒜苗末少许

准备：

1 将慈姑洗掉泥沙，去皮去芽，洗净，纵切成约 5 毫米厚的小片。小慈姑一剖二即可。

2 将五花肉切成约 5 厘米见方的肉块。

慈姑略带苦味，但与猪肉同烧
吸收了肉类的油脂，中和了苦涩感
并变得更加鲜香粉糯酥烂
猪肉也不显油腻
是慈姑最典型的传统做法之一

制作：

1 锅中放足量水，大火烧开，下入慈姑片，汆烫 5 分钟，捞出洗净，沥干。

要诀：开水汆烫去慈姑苦涩味。

2 锅中放足量水，放入肉块，大火烧开，汆烫 5 分钟，捞出洗净。

3 另起锅放入肉块，加水 1 杯，料酒 1 大匙，姜片 4 片，中火煮 10 分钟。

4 加入酱油 1/2 杯，盖锅小火焖 10 分钟。

5 加入慈姑片，继续盖锅小火焖 20 分钟。

6 尝试咸淡，加适量酱油调味，加糖 2 大匙，继续盖锅小火焖 10 分钟。

7 撒入蒜苗末，即可出锅。

慈姑炒青蒜

苏州新聚丰大厨 马波制作

主料：

慈姑 300 克

青蒜 100 克

特殊工具：

大漏勺

调料：

食用油足量

葱油 1 大匙

盐 1 小匙

味精 1/2 小匙

老抽 1 小匙

淀粉 1 小匙

准备：

1 将慈姑切去芽柄，去皮，洗净，切成厚约 3 毫米的小片。

2 将大蒜叶清洗干净。

3 淀粉加少量水调成水淀粉备用。

制作：

1 炒锅中放油足量，中火烧至五成热，下入慈姑片，过油炸 30 秒，整锅倒入已放上大蒜叶的不锈钢漏勺，滤去油分。

2 另起炒锅，放葱油 1 大匙，大火烧热，放入已过油的慈姑片和大蒜叶翻炒 2 分钟。

3 加盐 1 小匙，味精 1/2 小匙，老抽 1 小匙，水淀粉勾芡，翻炒均匀，即可出锅。

青蒜味重而慈姑寡淡二者搭配，蒜香可以跳脱出来慈姑的绵厚又可使蒜味不至太过刺激

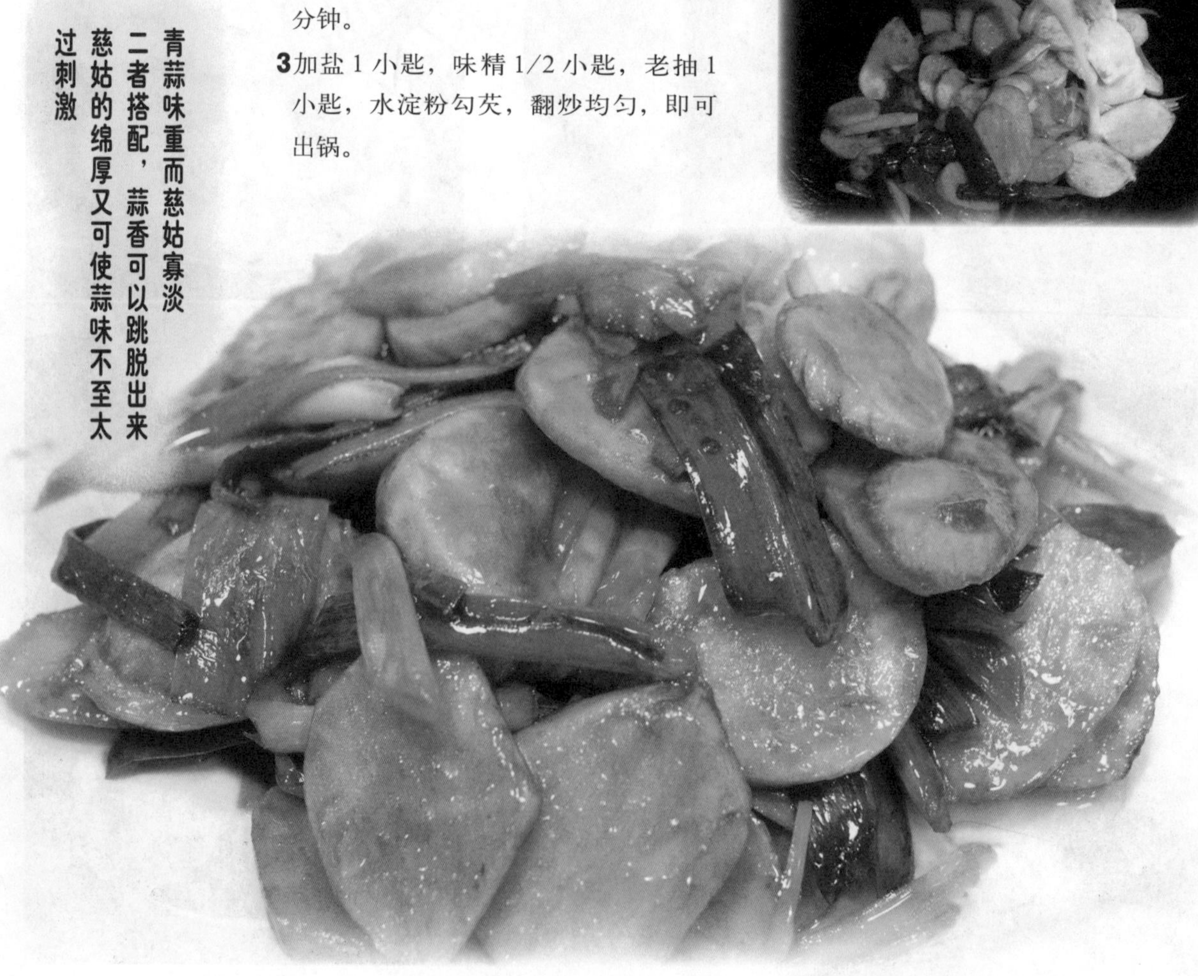

慈姑炒咸菜

苏州市江湾村 胡敬东制作

慈姑的产出季节可以持续整个冬天
此时咸菜也是餐桌上的主角
鲜咸清脆的咸菜与粉糯微苦的慈姑搭配
在冬日的江浙，是乡间很常见的一道家常菜

主料：

慈姑 300 克

咸菜（腌雪里蕻）200 克

调料：

食用油 2 大匙

糖 1 大匙

盐 1/2 小匙

鸡精 1/4 小匙

蒜苗末少许

准备：

1 将慈姑洗掉泥沙，去皮去芽，洗净，纵切成约 2 毫米厚的薄片。

2 将慈姑片用开水冲洗两次，去除部分淀粉和苦涩味。

3 将咸菜切成碎丁。

制作：

1 炒锅中放油 2 大匙，大火烧热，倒入慈姑片与咸菜丁翻炒 2 分钟。

2 加水少许，糖 1 大匙，盐 1/2 小匙，翻炒 1 分钟，加鸡精 1/4 小匙，翻炒均匀。

要诀：加糖是为了调和慈姑的苦味。

3 撒上蒜苗末，翻炒均匀，即可出锅。

慈姑炒肉片

苏州市 周其昌制作

主料：

慈姑 300 克

瘦肉 300 克

调料：

食用油 2 大匙

黄酒 1 大匙

盐 1 小匙

淀粉 1 大匙

酱油 1 大匙

糖 1 大匙

慈姑适合与肉同烧，可吸收肉香中和苦涩感，也减少肉类的油腻其中慈姑炒肉片便是一道江浙家常小炒清香醇厚

准备：

1 将慈姑洗掉泥沙，去皮去芽，洗净，纵切成约 2 毫米厚的薄片。

2 将瘦肉洗净，切成约 2 毫米厚的肉片，加黄酒 1 大匙、盐 1/2 小匙、淀粉 1 大匙，抓匀腌 5 分钟。

制作：

1 炒锅中放油 2 大匙，大火烧热，倒入腌好的肉片，翻炒至发白。

2 倒入慈姑片，翻炒 2 分钟，加盐 1/2 小匙，酱油 1 大匙，糖 1 大匙，翻炒均匀。

3 加水半杯，盖锅焖 1 分钟，即可出锅。

上海市 叶卫田制作

慈姑炒鸡片

主料：

慈姑 300 克
鸡肉片 200 克
干木耳 50 克
青红椒 100 克

调料：

食用油 3 大匙
白酒 1 大匙
淀粉 1 小匙
盐 1 小匙
姜末少许
蒜末少许
啤酒 1/4 杯
剁椒 1 大匙
酱油 1 大匙

准备：

1 将慈姑洗掉泥沙，去皮去芽，洗净，纵切成约 2 毫米厚的薄片。

2 将鸡肉片用白酒 1 大匙、淀粉 1 小匙、盐 1/2 小匙、姜末、蒜末调成的汁腌制 5 分钟。

要诀：用白酒可使肉色白净。

3 将干木耳泡发洗净。

4 将青红椒洗净，切成约 3 厘米长的细丝。

制作：

1 炒锅中放油 3 大匙，大火烧热，倒入腌好的鸡肉片，翻炒至发白，出锅沥净油备用。

2 用锅中剩油，倒入慈姑片，加啤酒 1/4 杯，翻炒 2 分钟。

要诀：加入啤酒可使菜色泽好，口感更鲜嫩。

3 加青红椒丝、木耳丝、剁椒 1 大匙，盐 1/2 小匙，酱油 1 大匙，翻炒 2 分钟。

4 加入鸡肉片，翻炒均匀，即可出锅。

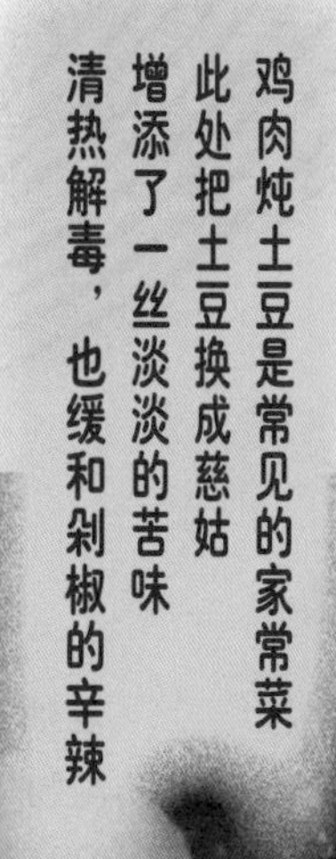

此菜原料简单，但制作过程讲究调味精细，是饭店大厨的做法即使如慈姑这般『上不了台面』的简单食材用心对待，也会给味觉惊喜

主料：

慈姑 200 克
素鸡 300 克

调料：

食用油足量
鸡汤 1/4 杯
盐 1 小匙
味精 1/2 小匙
白糖 1 小匙
葱花少许
姜丝少许
老抽 1 小匙
淀粉 1 小匙
麻油 1 小匙

准备：

1 将慈姑切去芽柄，去皮，洗净，切成 1/4块。素鸡同切成 1/4块。

2 淀粉加少量水调成水淀粉备用。

制作：

1 炒锅中放油足量，大火烧至六成热，下入慈姑块，过油炸 1 分钟，至变成金黄色，捞起沥干油分。

2 同样将素鸡块过油炸 1 分钟，捞起，过一遍冷水，沥干。

3 另起炒锅放油 1 大匙，鸡汤 1/4 杯，盐 1 小匙，味精 1/2 小匙，白糖 1/2 小匙，葱花少许，姜丝少许，大火加热，调和均匀，放入炸过的慈姑和素鸡翻炒 2 分钟。放生抽 1 小匙调色，水淀粉勾芡，洒麻油 1 小匙，即可出锅。

要诀：慈姑与素鸡需分开油炸，以免串味。

慈姑蹄髈汤

苏州市 周其昌制作

主料：

慈姑 300 克
蹄髈 300 克
笋干 100 克
油豆腐 100 克
菠菜 100 克
粉丝 100 克

调料：

料酒 1 大匙
盐 1 小匙
味精 1/4 小匙
葱段 2 根
姜片 4 片

准备：

1 将慈姑洗掉泥沙，去皮去芽，洗净，切成滚刀块。

2 将蹄髈除去杂毛，刮洗干净，切块，在沸水中氽烫 2 分钟，漂洗干净。

3 将笋干切成小块。

4 将菠菜除去烂叶和根部，清洗干净。

制作：

1 锅中加足量水，放入蹄髈块，大火煮沸，撇去浮沫。

2 加料酒 1 大匙，姜片 4 片，葱段 2 根，转小火炖 30 分钟。

3 放入笋干、油豆腐，继续小火炖 10 分钟。

4 放入慈姑块，继续小火炖 20 分钟。

5 待肉烂、慈姑酥软时，加入菠菜、粉丝，焖煮 1 分钟，加盐 1 小匙、味精 1/4 小匙，即可出锅。

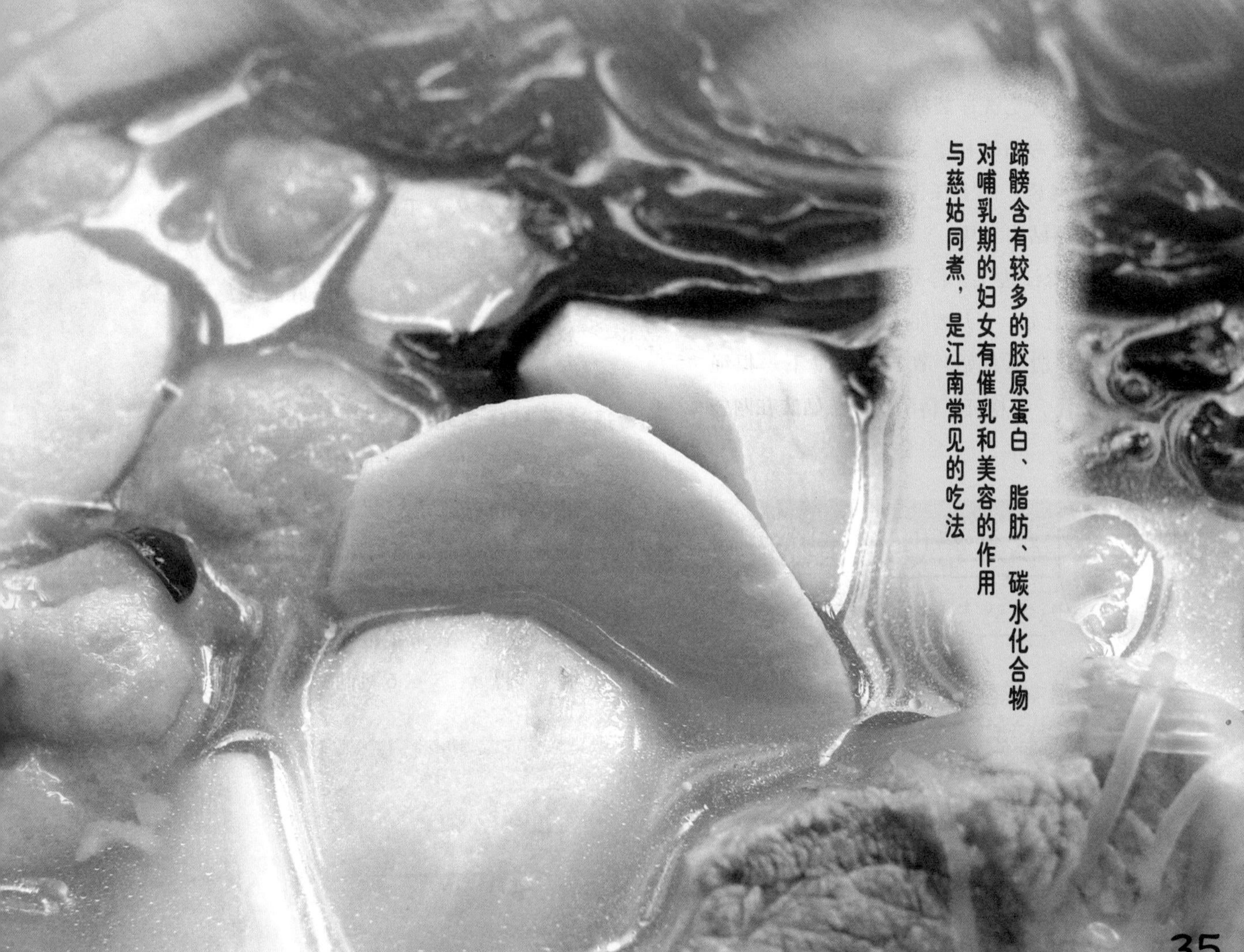

蹄髈含有较多的胶原蛋白、脂肪、碳水化合物对哺乳期的妇女有催乳和美容的作用与慈姑同煮，是江南常见的吃法

采访手记

（上接第 2 页）

摸到慈姑便挖出，按照大小放入脸盆中，陆续集中传递到一侧的田埂中装袋。采收到一定数量，老农便把收好的慈姑用三轮车运到大路边待清洗和运输。就这样，老农打头阵，老妇辅助，七位农妇在后面往前推进采收，有效率地进行流水线作业。

此时慈姑的地下根茎已经枯烂，可以比较省力地挖出来，但是天气已经逐渐转凉，在泥泞的田中长时间劳作还是十分辛苦。我们请农妇挖出一根完整的慈姑果实来观察，与一个多月前相比，成熟的慈姑球茎膨大了许多，表皮略黄，呈椭圆球状，一头长着细长的芽，一头连着长长的地下茎与慈姑根茎相连。

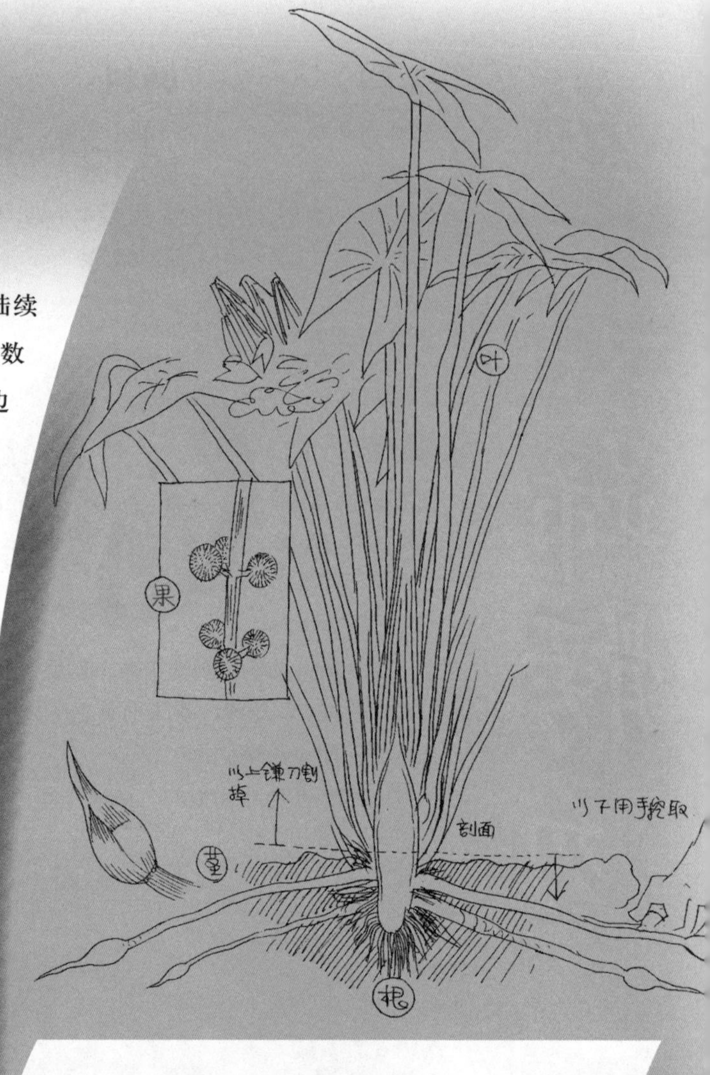

●巧用杠杆洗慈姑

一边的河道中有条小船，船上搁着几个大麻袋，原来就是洗净装好袋准备运走的慈姑。船上架着根弯曲的杆子，吊着一根杠杆，下面系着几个网袋。胡主任告诉我们，这就是当地人用来洗慈姑的工具。

在吴淞江边上，停靠着不少船，船舱堆放着大量慈姑。有几艘船之间，也立着杆子，村民正在清洗慈姑。直杆顶端垂下一根绳子，吊着一根横杆，待清洗的慈姑装在网袋里，两端的绳子分别系在横杆两端。然后两条船边各站一个人，手持横杆两端用力上下摇动，浸在水里的慈姑经过不断摇荡，很快便清洗去淤泥，显露出黄白的本色来。洗好的慈姑装进袋中，就可以通过吴淞江运往各地了。

●通过慈姑球茎培育新芽

看过农家采收慈姑的场景，不禁让人好奇慈姑是用哪个部分来培育新苗的。胡主任告诉我们，就是通过这采收下的慈姑来培育新芽的。先将顶芽连同部分慈姑肉切下，或直接将挑选过的慈姑贮藏好，在来年清明后催芽出苗，再育苗至一定程度，5 ~ 6 月间移栽定植至大田，又可

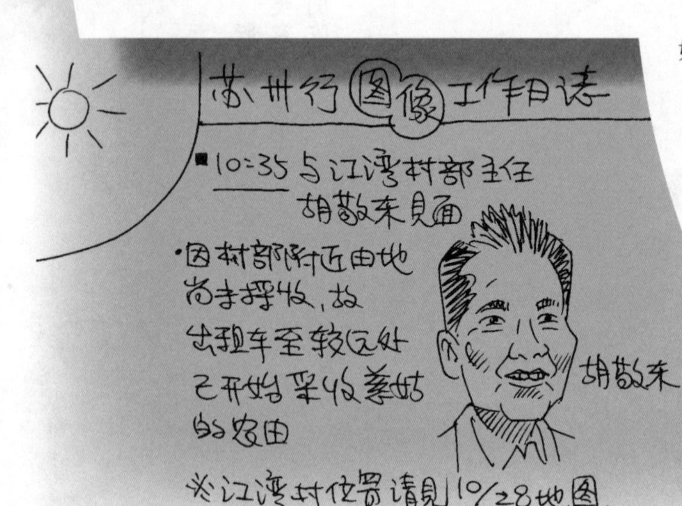

以期待新一年的好收成了。

2011 年 6 月底，汉声编辑刘镇豪、翟明磊来到江湾村采访慈姑定植。此时吴淞江边上停靠的船舱中，不少都蓄着水，里面浮着密密麻麻的慈姑，顶芽上已经长出幼苗。原来当地农民习惯用水泥船舱来育慈姑苗。附近的水田中灌着浅水，正好有农户正在进行慈姑定植。农户把育好的慈姑苗装在箩筐中运至田埂，再在田埂上插竹签，往水田中按照定好的距离拉细线，握着一把慈姑苗下田，沿着细线把慈姑一一栽入水田中。农户告诉我们，往年的慈姑定植 6 月中就基本要完成，今年因为雨季的影响，所以定植的时间略延迟了一些。定植的时间在清晨或傍晚为好，不至于因为水温过高影响幼苗成活。

●农家慈姑菜

慈姑的吃法很多，虽然略带苦味，但烧出的菜肴却苦中带甘，清爽粉脆，别有风味，尤其是与肉类同烧，更是一绝，所以被戏称为“嫌贫爱富菜”。在慈姑收成的季节，热心的胡主任还在家中特别做了六七道农家慈姑菜，“慈姑烧块头”“慈姑蹄髈汤”“慈姑炒咸菜”，都是绝好的搭配。还有一道“油氽慈姑片”，形似薯片但比薯片好吃。最简单的则是“焐熟慈姑”或烤慈姑，这些都是孩童平时喜爱的零嘴，又可充饥，令许多人念念不忘。■

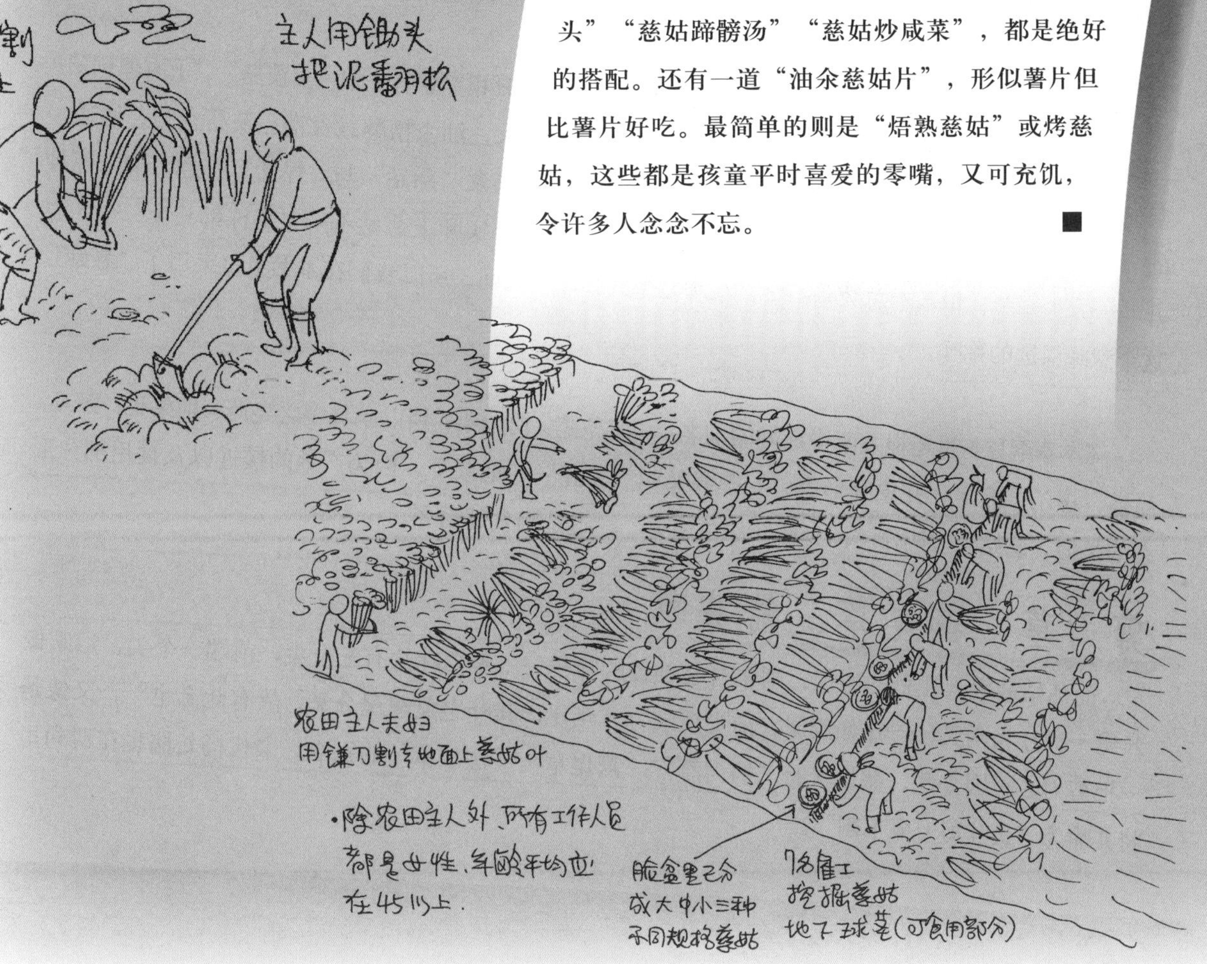

谁将绿剪刀 剪出白玉花

——慈姑漫谈

文：陈诗宇

慈姑岁生十二子

“慈姑”的写法很多，因为是草本植物，所以后人根据发音，又将其写作“茨菰”“茈菇”“茨菇”“慈菇”“慈菰”，不一而足。而“慈姑”二字，乍看之下，却很难与一种水生植物联系起来。但李时珍认为，这才是正确的写法，因为它同株一年能生十二子，就像一位慈爱的老妇养育子女一般，“一根岁生十二子，如慈姑之乳诸子，故以名之，作茨菰者非也”（《本草纲目·果之六·慈姑》）。白居易也将其与“巧妇”相对，《履道池上作》：“树暗小巢藏巧妇，渠荒新叶长慈姑。”

清宣统《图画日报·营业写真》卖茨菇

慈姑岁生十二子的说法在民间流传很广，清末的《图画日报》登有一幅“卖茨菇”，上有俚词曰：“茨菇一月生一个，十二个月共生十二数。年终掘出卖与人，油余糟醉载食谱。茨菇音与慈姑通，奈何世上阿婆凶。此物若教悍姑食，不知可要面皮红。”还拿“慈姑”与“悍姑”打趣。清末陈坤的《岭南竹枝词》里也有“一月圆成一个菰”之句。当然，实际上慈姑不一定每株都长十二个，也并非一月生一个，但基本总数差不多，在八九个到二十个之间。所以我们在本书里也采用了“慈姑”这个意味深远的称呼。

《本草纲目》里还提及不少慈姑的别名：“河凫茈、白地栗，所以别乌芋之凫茈、地栗也，剪刀、箭搭、槎丫、燕尾，并象叶形也。”荸荠又叫“凫茈”“地栗”，因为产地的接近以及食用部分形态的类似，慈姑也被叫作“河凫茈”“白地栗”，这是因食部而名。

剪刀草、燕尾草、箭头草

而慈姑最引人注目的特征，则来自它别致的叶子——整个叶片有三个尖，前端一个尖，后端像燕尾一样分为两叉，“叶如燕尾，前尖后歧”“燕尾，其叶之象燕尾分叉，故有此名也”，又像是一把剪刀。正因如此，慈姑又有“剪刀草”“燕尾草”“槎丫草”的别名。宋代杨长孺也在诗句里将其喻为“长叶剪刀廉不割”。

“慈菇生水中，叶似箭之镞”，慈姑叶又像一支箭镞，所以也有“箭头草”“箭搭草”的别称。有意思的是，欧洲也有慈姑，其英文名“Arrowbead”，译成中文恰好就是“箭头”。这些则是因叶形而名。

可以代替粮食的“救荒本草”

欧洲虽然也有慈姑，但并无人栽培食用。而在中国，将慈姑作为食物的历史却很悠久。南朝陶弘景便有慈姑“其根黄，似芋子而小，煮之可啖”的记载，宋代苏颂在《本草图经》中也称，慈姑“煮熟味甘甜，时人以作果子”。明后期，李时珍记录“慈姑生浅水中，人亦种之”，这是比较早的人工栽培记载。到了清代，关于慈姑的详细种植技术、品种的记录就非常多了，《广群芳谱》：“慈姑预于腊月间，折取嫩芽，种于水田，来年四月尽，如种秧法种之，离尺许，田最宜肥。”《洞庭东山物产考》：“二月出软苗，三月分栽肥水田内，排行如种秧法……（花）有紫白二种，黄蕊不实。”可见当时太湖流域已经积累了不少慈姑种植经验。

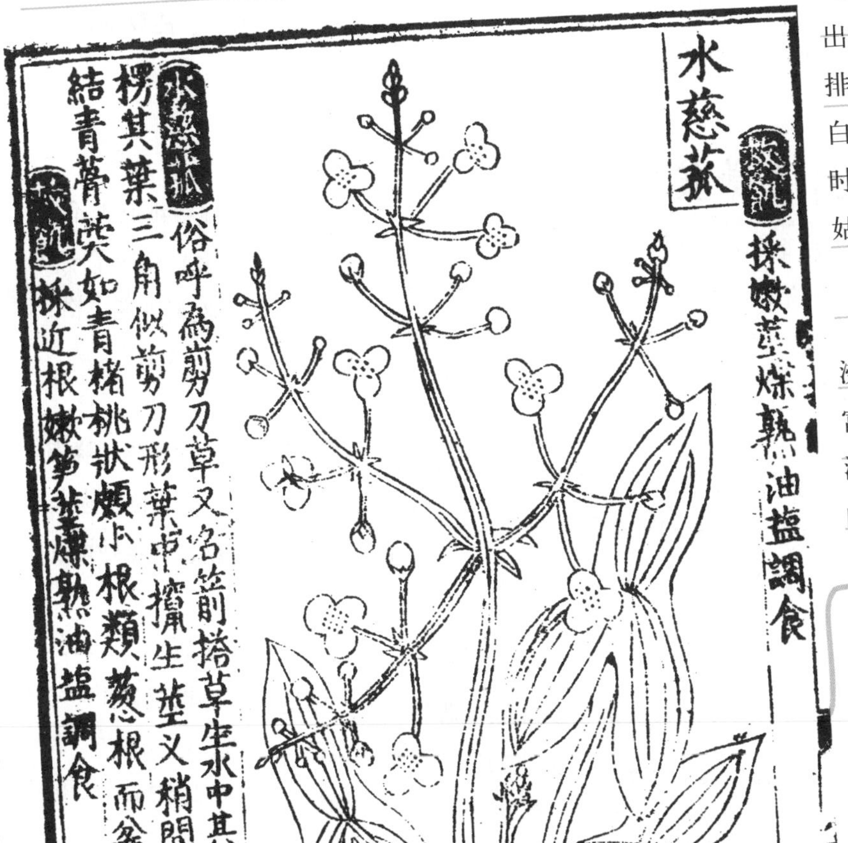

明永乐《救荒本草》水慈菰

慈姑长在浅水中，耐洪涝，而且富含淀粉，营养丰富，又耐贮藏，所以特别在洪涝灾害频繁的地方，还是很好的救荒补缺物，早在明初的《救荒本草》中就有“水慈菰”条目的记录。作家汪曾祺，是江苏高邮人，他曾回忆，“民国二十年，我们家乡闹大水，各种作物减产，只有茨菰却丰收。那一年我吃了很多茨菰”。河北虽然没有种植慈姑，但民间也将它当作荒年充饥的食品，“茨菰大者，可等于核桃，凫茈不过大如榛子，且只有野生者，无人工种植者，煮熟剥皮食之，确极甘香，唯荒年才有刨此充饥者，平常则完全是小儿的食品。因刨此极费工夫，刨半日不准能得二三斤，所以非荒年无人刨此”（齐如山《华北的农村·谷类·茨菰》）。

慈姑吉祥寓意多

我们都知道，每年腊月廿四是灶王爷升天向玉皇大帝汇报人间善恶的日子，祭灶时，各地都有供奉“元宝糖”“胶牙糖”的风俗，以黏住灶王的嘴，或者请他多向玉皇大帝汇报一点甜蜜的好话。从前在上海，除了胶牙糖以外，慈姑也是必备的祭灶食品，清代上海名绅秦荣光的《上海县竹枝词·岁时》中写道：“柏子冬青插遍檐，灶神酒果送朝天。胶牙买得糖元宝，更荐茨菇免奏愆。”上海方言里“慈姑”的发音与“是个”很接近，用慈姑祭灶，也是希望灶王爷在汇报时只需点头应“是个”，不要胡乱汇报。而慈姑正好是冬末春初上市的果蔬，进献给灶王爷，也正当时令。

另外因为“岁生十二子”，并且长芽外形的关系，慈姑又有多子、生丁的寓意，广东话里甚至用“慈姑椗”来比喻男孩。两广地区有些地方，结婚第三天，新娘“回门”时，娘家还会准备一份特别的礼物让女儿带回去，包括葱、蒜和长芽芽的慈姑，希望女儿生下一个聪明（葱）、能算（蒜）的男孩（慈姑）。

“格比土豆高”与“嫌贫爱富菜”

慈姑虽然略有苦味，但口味清爽，并且耐煮，深受沈从文喜爱，说茨菰有格。汪曾祺原本不喜欢慈姑的苦味，离乡之后三四十年没有吃到，有一次春节到沈从文家拜访，“师母张兆和炒了一盘茨菰肉片。沈先生吃了两片茨菰，说：‘这个好！格比土豆高。’我承认他这话。吃菜讲究‘格’的高低，这种语言正是沈老师的语言。他是对什么事物都讲‘格’的，包括对于茨菰、土豆”。

的确，与土豆一煮就粉烂，软绵绵的和肉烂成糊相比，慈姑的确显得有“骨气”得多。慈姑烧肉，慈姑是慈姑，肉是肉，清清爽爽的，虽粉却有嚼劲，而且还坚持地带有一丝苦味。晚年的沈从文爱食慈姑，因为带芽嘴的慈姑像清朝人的辫子，称之为“清朝人”。沈从文说茨菇有格，真是妙语。

不过江南民间对于慈姑，却从相反的方向来形容这一特点，那就是“嫌贫爱富菜”——慈姑唯有与肉类一起烹调，才会鲜香可口，不光慈姑的苦味降低，调和口味，肉的肥腻感也减少不少，容易入口，相得益彰。若是清炒或者和素菜一起烧，苦涩的口感总是难以清除，所以被戏称为“嫌贫爱富”，和“清贫”的素菜不相互为伍。有意思的是，慈姑上市的时间从秋冬可以一直维持到过年后，好像慈姑也知道过年了，人家里肉菜也多了，特别在此时奔肉而来。

被观赏和歌咏的慈姑

慈姑的叶形很特别，在庭院、园林池沼里，都是很常用的点景植物。宋代陈与义《盆池》：“三尺清池窗外开，茨菰叶底戏鱼回。”在老北京的四合院里，也常常在庭院中金鱼缸边，种点观赏水草，慈姑是其中比较好栽种的，和菖蒲、荷花、浮萍、睡莲一起，组合搭配成一缸水景，给北方的院落带来不少水乡的生气。

明代 缪辅《鱼藻图》局部

慈姑也能开花，三瓣小白花，紫蕊或黄蕊，虽然朴素不张扬，但历代歌咏它的诗人却不少。宋代董嗣杲，就专门写有一首《茨菰花》：“剪刀叶上两枝芳，柔弱难胜带露妆。翠管嫩粘琼糁重，野泉情心玉蕤凉。春成臼粉资秋实，种入盆池想水乡。小小沧洲归眼底，幽研自觉成炎光。”清代查慎行也有诗云：“旧叶复新叶，碧茎忽抽芽。谁将绿剪刀，剪出白玉花。”题记说到缘由：“余盆池偶种一窠，立秋后忽发细蕊，每节丛生花开纯白色，如玉蝶梅差小，颇有清香，因作一首以补诗家之缺。”

慈姑和莲花常常长在一起，诗句里也常被并题，唐人张潮有一首很有名的诗《江南行》：“茨菰叶烂别西湾，莲子花开犹未还。妾梦不离江水上，人传郎在凤凰山。”诗中写到了这两种江南极常见的风物，茨菰叶烂在初冬，而莲花则开夏天，点明离人别去及未归的时间，表达思妇思念丈夫之情。宋代杨万里也还有诗《憩怀古堂》曰：“茨菰无暑性，芙蕖有凉姿。”荷叶开阔大气，荷花亭亭玉立如大家闺秀，而慈姑叶片秀气，白花朴素如小家碧玉，两者搭配的确丰富而有层次。

民间艺术的常用题材

正因为别致的外形，又是荷塘小景中不可或缺的角色，以及其“多子”“慈孝”的寓意，所以在传统美术中，慈姑也是很重要而常见的题材元素，在绘画、服饰、建筑、文房、器物中都能看到它的身影。

明永乐 青花一把莲窝盘 景德镇出土

明嘉靖 戗金彩漆鱼藻纹慈姑叶式盘

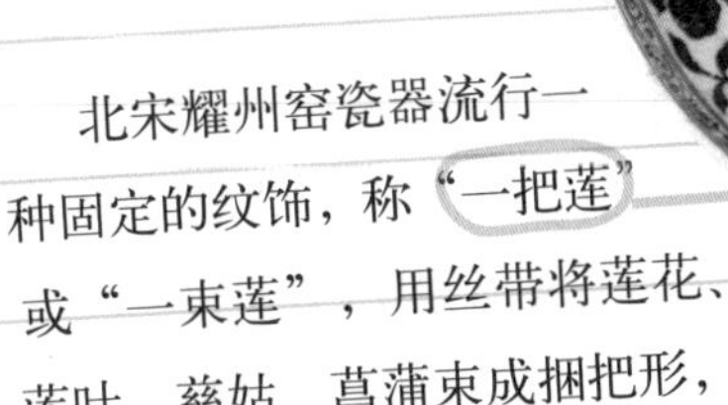

北宋耀州窑瓷器流行一种固定的纹饰，称“一把莲”或“一束莲”，用丝带将莲花、莲叶、慈姑、菖蒲束成捆把形，还有“两把莲”“三把莲”“莲花慈姑”等构图，其中慈姑便是重要的组成部分，到了元明，“一把莲”更成为流行题材被广泛地运用在青花、漆器之上。金元以来所流行的“满池娇”题材，则是莲、慈姑等水生植物，加上水鸟、鱼类，组成的荷塘景色，也在首饰、器物上应用甚多。有些文玩器具，也会直接运用慈姑叶的外形制作，比如故宫所藏的一只嘉靖年间的戗金彩漆鱼藻纹慈姑叶式盘。

除此之外，莲花慈姑纹还被用在了建筑上，北宋《营造法式》中便记录有以莲花慈姑为题材的彩画。莲在佛教中意蕴深广，而慈姑之“慈”也契合佛教慈悲之意，所以佛塔、寺院的瓦当、滴水、勾阑上也常见此题材的纹饰，如北京昌平银山塔林的建筑构件。在石雕纹样里，还有中心纹样是慈姑叶，周围搭配祥云的构图，表示“慈善祥云”的意思。

石雕纹样 慈善祥云

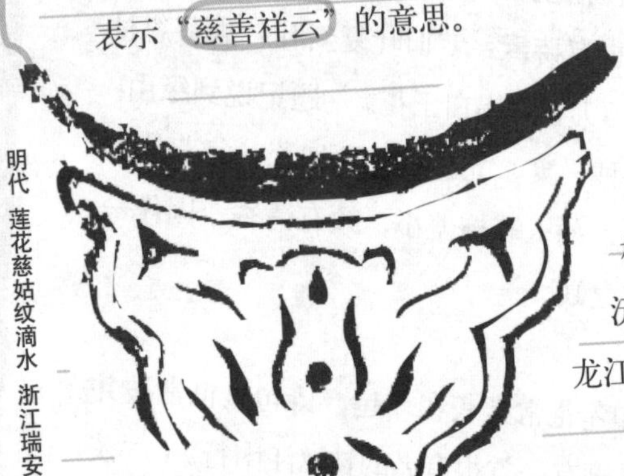

明代 莲花慈姑纹滴水 浙江瑞安

在传统首饰中，除了“满池娇”“一束莲”题材以外，慈姑叶也常常被单独拿来作为装饰素材。比如湖南沅陵元代黄氏夫妇墓出土的一副金穿玉慈姑叶耳坠，以及黑龙江阿城金代齐国王夫妇墓出土的一副金镶珠慈姑叶式耳环。

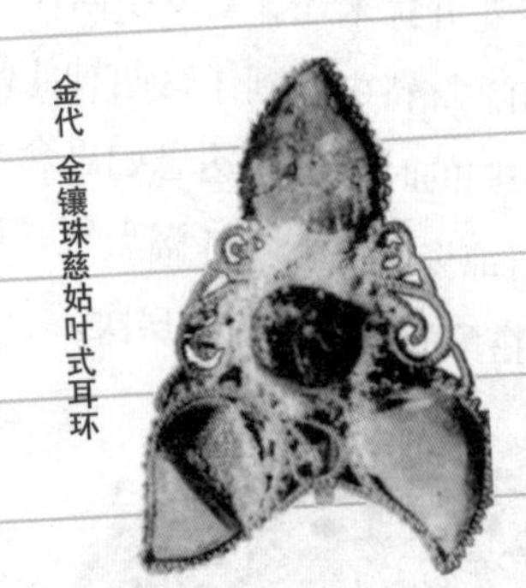

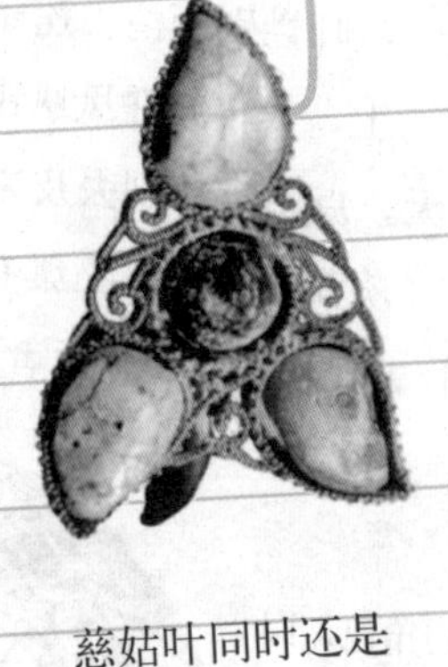

金代 金镶珠慈姑叶式耳环

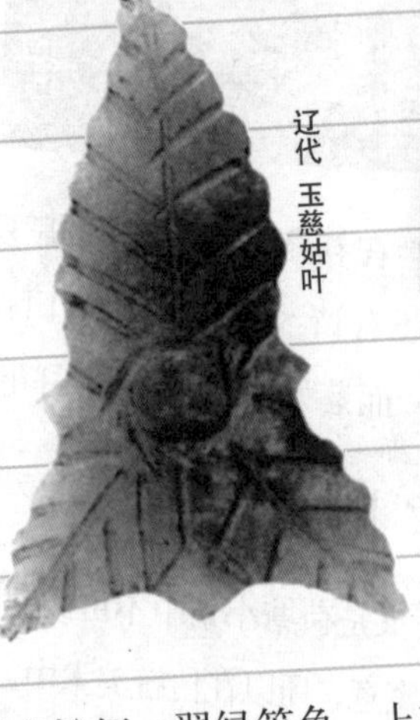

辽代 玉慈姑叶

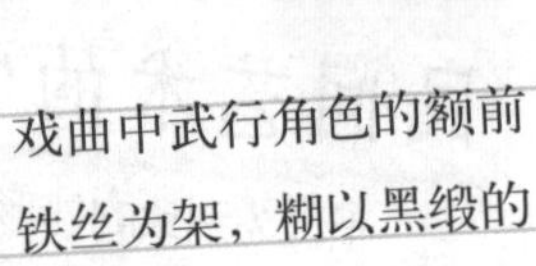

元代 金穿玉慈姑叶耳坠

慈姑叶同时还是戏曲中武行角色的额前美饰。武生及武旦，在额头处正中会戴一个以铁丝为架，糊以黑缎的三尖叶饰，被称为“茨菰叶”。旦角的茨菰叶，还有粉红、翠绿等色，上有小绒球，可与罗帽、渔婆罩等配合使用。另外旦角头面中还有钻石茨菰叶、点翠茨菰叶等。某些剧中人物的特殊身份需要，在头饰上插茨菰叶。如《武松打店》中的武松即戴黑缎茨菰叶，而孙二娘的头饰则是水钻制成的茨菰叶。除此之外，还有用黑色水纱绾成的“软茨菰叶”，系在头部右侧，原先是戏曲中比较清贫的中年妇女的头饰，逐渐发展为正工青衣也均系茨菰叶，如《王宝钏》中的王宝钏，《宇宙锋》中的赵艳容等。

清同治 升平署脸谱 郭起凤

慈姑也是经常入画的题材，历代花鸟画中的荷塘水景中，多多少少都有慈姑的身影。如宋代的《溪芦野鸭图》，明代吕纪的《秋鹭芙蓉图》，以及清代郎世宁《仙萼长春图册》中的《荷花慈姑图》，都在画面一角点缀了或是一丛，或只是三两枝的慈姑叶，还有黄蕊白花数朵，小巧可爱。近现代大师中，画过慈姑的也不少，李苦禅有《茨菰鱼鹰图》，陈衡恪也曾画过《荷花慈姑图》。齐白石画慈姑尤多，或是慈姑青蛙或是慈姑双鸭或是慈姑游虾，或者只是一株寥寥数笔画成的水墨慈姑，无不充满水乡生活趣味。而果蔬小品清供里，画到慈姑的就更多了。■

齐白石《慈姑图》

齐白石《青蛙慈姑图》

齐白石《慈姑图》

清代 郎世宁《荷花慈姑图》局部

明代 吕纪《秋鹭芙蓉图》局部

绘图：刘镇豪

作家，江苏高邮人 **汪曾祺**

咸菜茨菰汤

节选自汪曾祺：《故乡的食物》

一到下雪天，我们家就喝咸菜汤，不知是什么道理。

…………

咸菜汤是咸菜切碎了煮成的。到了下雪的天气，咸菜已经腌得很咸了，而且已经发酸。咸菜汤的颜色是暗绿的。没有吃惯的人，是不容易引起食欲的。

咸菜汤里有时加了茨菰片，那就是咸菜茨菰汤。或者叫茨菰咸菜汤，都可以。

我小时候对茨菰实在没有好感。这东西有一种苦味。民国二十年，我们家乡闹大水，各种作物减产，只有茨菰却丰收。那一年我吃了很多茨菰，而且是不去茨菰的嘴子的，真难吃。

我十九岁离乡，辗转漂流，三四十年没有吃到茨菰，并不想。

前好几年，春节后数日，我到沈从文老师家去拜年，他留我吃饭，师母张兆和炒了一盘茨菰肉片。沈先生吃了两片茨菰，说："这个好！格比土豆高。"我承认他这话。吃菜讲究"格"的高低，这种语言正是沈老师的语言。他是对什么事物都讲"格"的，包括对于茨菰、土豆。

因为久违，我对茨菰有了感情。前几年，北京的菜市场在春节前后有卖茨菰的。我见到，必要买一点回来加肉炒了。家里人都不怎么爱吃。所有的茨菰，都由我一个人"包圆儿"了。

北方人不识茨菰。我买茨菰，总要有人问我："这是什么？"——"茨菰。"——"茨菰是什么？"这可不好回答。

北京的茨菰卖得很贵，价钱和"洞子货"（温室所产）的西红柿、野鸡脖韭菜差不多。

我很想喝一碗咸菜茨菰汤。

我想念家乡的雪。■

作家，安徽池州人 **包光潜**

茨菰粉

节选自包光潜：《茨菰》

我的祖母擅长做茨菰淀粉。她和我母亲一起下濠田挖茨菰，揪掉叶子，留下根实，包括根须皆可纳用。具体操作过程不详。由它漂洗的淀粉做成的汤圆并不亚于其他淀粉。它既是佳肴也可入药。润肺止咳，补气生血。同生姜捣和，敷于疔疮疖毒患处，三日即可祛毒消炎禳肿。

小时候在田地里干活，渴了饿了就跳到濠田里拔两颗茨菰，就近洗一洗便狼吞虎咽地填充饥腹。■

作家，江苏苏州人 **陆嘉明**

慈姑微苦恰耐人思

节选自陆嘉明：《淡淡水八仙 悠悠意外味》

茨菇，又名茨菰、慈菰，还有一个更讨人喜欢的名字：慈姑。我喜欢这一名字的人情味。明李时珍说它生于浅水之中，一根岁生十二子，如慈姑的爱育诸子。唐白居易有诗曰："树暗小巢藏巧妇，渠荒新叶长慈姑。"慈姑，这形象化的名字，淡淡地透出积淀于人们心灵深处的道德情怀。

茨菇，本色黄白或青白，如村姑般朴实，一无脂粉之气；其形圆润或略显椭圆，周身有几条环状节，如着棕色围裙，一副规规矩矩本本分分的样子；顶端有芽柄茁壮坚挺，始终怀着期待，似在孕育新的生命，显得坦然而平和。

茨菇略带苦味，但苦中含有栗香，苦与香浑为一体，成复合之味。凡为复合之味，都有其独特的个性。如苏帮菜肴中的松鼠桂鱼或糖醋小排骨之属，烹饪时要加白糖和陈醋或番茄酱，酸酸甜甜，别有风味，但这是人工合成之味。茨菇，虽苦犹香，虽香犹苦，二味复合却是天然本味。但有的人不喜欢它的苦味。犹不能赏辨茶味之苦："人病其苦也，然苦未既而不胜其甘"。即便是苦菜也即味苦的"荼"，有人则也是以苦为甘的。《诗经》中有诗云："谁为荼苦，其甘如荠"，更何况茨菇仅微苦而已。但有人就不爱茨菇的苦味，孟子说，"口之于

叶正亭 作家，江苏苏州人

苏州人吃茨菰 节选自叶正亭：《茨菰》（《吃在苏州》）

茨菰入菜，主要有两种形式，一种是将其切成薄片，用来炒大蒜、炒肉片等。茨菰中淀粉含量高，炒时容易稠，吃口不爽。解决的办法是老百姓切好薄片后再用自来水冲一下。再一种是将整只的茨菰煮熟后，和红烧肉一起烧，这也是姑苏一道传统菜。这道菜，对于像我这样五六十年代出生的人来说，无疑是非常有诱惑力的。三十年前，老百姓一般是不上饭店的，在家里做"茨菰烧红烧肉"也是很难得的事。茨菰上市时节，一般都是吃茨菰炒大蒜，偶尔茨菰买多了，母亲煮了几个，让我们蘸点绵白糖当点心吃，已经是蛮奢侈的一件事，孩子们都开心得不得了。岁月，就是这样流过来的。

油氽茨菰片也是姑苏一绝。入冬，苏州的炒货店都有供应，将茨菰切成薄片，吹干后放进大油锅里氽，氽得片片金黄，还会起泡，两面膨起，如同鼓起的鱼肚，吃起来松松脆脆、味道不错，用来下酒最好。苏州有些菜馆把油氽茨菰片作为开胃小碟内容，颇有创意，客人一上桌，浓浓的姑苏风味便扑面而来。■

何伟康 苏州车坊江湾村农民

慈姑好管理 采访整理：翟明磊

慈姑，我们是浙江过来的品种。 慈姑人工省，一亩十五个人工，也好管理。好卖点，管理松一点，本钱没有荸荠大，荸荠本钱大的。慈姑管理，没有什么规律性的东西，这个虫子看得到的，用药水打得掉的。采收也方便。成熟后叶子倒下去的。开头，你割的。前两亩要割，后面叶子就烂掉了，直接挖就行了。前面采的慈姑长锈斑的，后面就没有了。

有人说慈姑吃口苦的。要看你会不会烧，会烧不会苦的。先切片，再搁开水里焯一下，捞起来洗干净。你就这么直接烧菜会苦的，一定要沸水里烫一下。苦的营养价值高的。这个东西绿色食品，没有危害。打药水是打叶子上的，慈姑是长泥下的，干净的。我们也吃的，皮扒掉，炒大蒜叶子。烧咸肉也好吃。人家吃了还要吃，第一次不要吃，下次就要吃了。

年纪大，喉咙咳嗽，就吃这个东西的，慈姑化痰的。小的，最好。■

味也，有同嗜焉"。然对茨菇之味，未必人人都"同嗜"。我总爱提起毛泽东的话说：苦的东西，都对人有好处，能消火明目。但如我妻我子我女，就是不爱吃。家中每次烧茨菇，唯我独享其味，悠然而食，绝无争箸之虞。袁枚评诗曰："味甜自悦口，然甜过则令人呕；味苦自螫口，然微苦恰耐人思。"我爱茨菇之微苦，如若读诗，却也"耐人思"也。

苏州所产的一个品种叫"苏州贡"，最是我所爱。清炒茨菇片，加少许大蒜，吃口清淡而有糯性，齿颊间常留一股清香。我还爱吃红烧茨菇，最好是和带肥的猪肉一起红焖，带上油性和肉香，别有一种风味。尤其是茨菇柄即顶芽，原本苦味更重，但浸透了肉汁，苦涩与肉香相和，尤增食欲。茨菇一般不上宴席，是最具平民性格的蔬食了。但它并不低贱。如蜜汁茨菇圆、茨菇瘦肉汤、茨菇焖腩肉等，皆是桌上美肴。汪曾祺某年春节到沈从文家去拜年，沈夫人张兆和炒了一盘茨菇肉片待客，只听沈先生自赏自赞道："这个好！格比土豆高。"可见在沈从文看来，茨菇还是有"格"的。汪先生家乡也产茨菇，因其味苦，小时候对它也"实在没有好感"，然而他爱吃茨菇咸菜汤，他在北京想念家乡时，猛地说出一句："我很想吃一碗咸菜茨菇汤。"沈、汪二人皆谙熟美食之道，即便如茨菇这样的寻常蔬菜，也能吃出"雅致"来。正如有人所说，雅致是一种心情，一种闲情逸致，吃如同观花赏月一般从容自在。这样的吃不是充饥解渴，而是从中寄寓了一种心情，犹如沈先生的吃要讲"格"，汪先生的吃在"怀乡"，自是优雅和飘逸。

慈姑小故事

知味有乡亲

采访整理：卓为

在台湾台南长大的郑一梅，旅居美国近三十年。母亲是广西南宁人，父亲是宁波慈溪人，十多年前也从台南移居北加利福尼亚州。父亲带着对家乡的思念，费时六年亲手绘制了少小离开却又印象清晰的旧时故乡图——1938年秋的慈城。

2012年6月，郑一梅带着凝聚父亲心血的地图重返中国。在造访慈城之前，她特意来到北京汉声工作室。当她跟黄永松老师讨论慈城古地图的印刷事宜时，无意中发现工作室桌上的“水八仙”打样稿，热爱美食的她一眼就看到了其中的一本“慈姑”，顿时唤起她儿时吃“慈姑烧肉”的记忆，一翻开恰好是介绍这道菜，更令她惊喜不已。

大家颇感意外——因为台湾并没有种植慈姑。郑一梅也一度困惑，“我以为我有吃过，但你们都说台湾没有……那我吃到的是什么？”她一点一滴回忆起，“慈姑一般都是烧肉，非常好吃，而且锁油”“慈姑有点麻嘴，要先用开水汆，没有生吃的”……汉声“水八仙”小组成员觉得她说得很正确。如此看来，生长于江南的慈姑确实曾出现在千里之外的台南的饭桌上。

台湾虽然不大，却汇聚了来自大陆各地区的人民，每个家庭里都飘荡着乡音与家乡菜的味道。郑一梅印象中家里吃过几次慈姑烧肉。因家中有专人掌厨，她不太清楚食材的来源，对她来说这就是众多家常菜中的一道。对儿时生长于江南的父亲而言呢？家乡菜背后的辗转千里，更耐人寻味。

在万里之外的美国，不易保存的慈姑就更少见了。但如今郑一梅惊奇地发现，“这两年突然出现大量的慈姑，荸荠和菱角也有”。她知道美洲地区也在种竹笋，于是特别留意了食品标签，“荸荠、慈姑、菱角都是从中国大陆过去的”。她特地给父母买了慈姑，以解乡愁。平时不常买菜的她，注意到慈姑还是受父母的影响，“因为慈姑我父母会想吃，思乡啊！” 郑一梅笑着告诉黄老师。她说平时专职照顾父母的一位上海人，见到慈姑也很惊喜：“慈姑烧肉，好吃的咧！”黄老师听闻会心一笑：“闻香要下马，知味有乡亲。”一语道出天机。

家乡菜是舌尖上的密码，不管在天涯海角，总能瞬间唤起故土久违的记忆；而背后的浓浓乡情，正是最朴素的力量，让慈姑这样的家乡特产与游子一道漂洋过海，乡味不绝。■

吃，通常还和忆旧相联系。我母亲从小就爱吃茨菇，我也是，是不是口味也有遗传的因子？我母亲生前因病瘫痪在床，我和妻去探望她时，经常要烧点茨菇给她吃。有话说，老小老小，人老了，竟和孩子一般，变得单纯而天真，这时就特别想吃幼时爱吃的食品。母亲对茨菇竟到了嗜吃的程度。说得难听点，简直是有点“馋”了。记得梁实秋在《馋》这篇文章中说过：“馋，则着重在食物的质，最需要满足的是品味。上天生人，在他的嘴里安放一条舌，舌上还有无数的味蕾，教人焉得不馋？”是的，母亲八旬开外，长期卧床，身体机能不断衰退，唯有那条舌，对味的感觉仍是极为灵敏，她吃茨菇，确是在解“馋”，吃时还说话不断：“茨菇茨菇，好吃好吃！”她那傻乎乎的吃相，显然是一种享受，一种陶醉。她可真是嗜菰成癖了！《左传》中说“食而忘忧”，而于母亲，嗜吃茨菇，后味无穷，恰是“食而忘疾”矣。■

车前子 作家、艺术批评家，江苏苏州人

青蒜爱慈姑 节选自车前子：《老茶馆》

看到楼下的雪地里钻出几根绿苗，不知是香葱还是青蒜，我就想吃慈姑了。看来我是把这几根绿苗当作青蒜的。清炒慈姑，加一撮青蒜，青蒜的浓香宽衣解带地进入慈姑半推半就的清苦生活之中，仿佛巫山云雨。何谓美食，食色一也。这样说来很无聊，意思不就是清炒慈姑好吃么。

而我最喜欢的还是米饭焖慈姑。饭熟慈姑熟，一只一只拔出来，上面粘着些米粒，趁热略蘸绵白糖，吃来自有真趣。不蘸绵白糖，那是别有真趣。有时会想，不蘸绵白糖的境界或许比蘸绵白糖的境界要高。但我还是要蘸绵白糖。美食无法无天，自以为是为上。■

金凯帆 苏州地方志专家

冬天的记忆

一年冬天，父亲带我去二伯家。那是“文革”后，二伯一家平反从苏北回到家乡苏州的暂住地。二伯的岳母那时候60多岁，人很矮小，但极清健，家里一切均由她操持，室内窗明几净。那天，她事先知道我要去，特地起个大早，将洗净的慈姑切得极薄的一片一片，放入锅中煎氽，那油比平时烧菜要多出好多。看着那慈姑在油锅里翻滚，两边会鼓起泡泡，变成一个半透明淡黄色椭圆形的小球，煞是好玩。她一边继续氽着慈姑片，一边和我开心地说着话：“你尝尝看，也没什么东西给你吃，这些小孩子吃好了，理气。现在日子好点，可以用油氽慈姑片了。”这是我第一次吃油氽的慈姑片，很脆，淡而香，但似乎有稍许咸中带甜的味道，反正很好吃。以前我只吃过在清水里煮的囫囵一个慈姑，是放学回家母亲烧好了，让我用棉白糖蘸着吃的小点心，我还特别喜欢吃那慈姑的“柄”。

吃饭时，二伯兴致很高，特地开了一瓶白色瓷瓶装的丹阳封缸酒。那酒琥珀色，很香。倒在白色瓷碗里，一晃，碗壁上就仿佛有一层油脂慢慢地往下移，父亲也允许我喝了一点，香醇无比。桌上的小菜中，还有一碗烧得浓油赤酱、酥烂喷香的慈姑烧肉。菜都是二伯的岳母烧的。那天有三样东西我不会忘记：油氽慈姑片，慈姑烧肉，还有那封缸酒。■

叶放（辑） 画家、美食家，江苏苏州人

慈姑钩沉

●中国古诗词中可见关于茨菰的佳句，如孙承宗的“野水茨菰花，西湾春复老”；杨长孺的“恰恨山中穷到骨，茨菰也遣入诗囊”。宋朝陈与义写：“三尺清池窗外开，茨菰叶底戏鱼回。”唐人张潮在《江南行》中写：“茨菰叶烂别西湾，莲子花开犹未还。妾梦不离江水上，人传郎在凤凰山。”清代郭麐也有《摸鱼儿·茨菇》：“高荷大芋相似。生成叶叶双岐样。”

●元代贾铭在《饮食须知》中写道：茨菇，味苦甘，性寒。多食发虚热及肠风痔漏、崩中带下，令冷气腹胀，生疮疖，发脚气，患瘫痪风，损齿，失颜色，皮肉干燥。卒食之，使人干呕。孕妇忌食，能消胎气。小儿食多，令脐下痛。以生姜同煮，可解毒。勿同吴茱萸食。

●汪曾祺在《咸菜茨菰汤》里就写道：“民国二十年，我们家乡闹大水，各种作物减产，只有茨菰却丰收。”——虽不是长期贮存，却也是救命的。而之后“因为久违，我对慈姑有了感情……我很想喝一碗咸菜慈姑汤”。■

编后记

《中国水生植物——苏州水八仙》终于进入编后，我们也得以松一口气，在把本书呈现给读者之前，需要感谢为这套书提供过帮助的朋友们。

2010 年 4 月 10 日，汉声编辑到苏州文化名家叶放先生家做客，叶先生既是画家，又是美食家，在谈起苏州风物时，提及苏州的八种水生蔬菜“水八仙”，引起我们的关注和兴趣，当即确定下这个题目。随后通过叶放的联系，发动了苏州摄影家汪浩和记者李婷，当晚在十全街的五卅饭店以沙洲优黄举杯，同我们一起组成在苏州最早的采访团队。汪浩先生在接下来，多次亲自到苏州的水八仙种植区持续追踪采访，为我们提供了许多高质量的照片。

从 2010 年 6 月开始至 2012 年 8 月，汉声编辑从北京和台北来到苏州二十余次，田野采访工作持续了两年多，前前后后得到许多苏州朋友的支持。苏州作家王稼句老师提供了许多水八仙的文史信息，使我们得以接触到水八仙背后深厚的文化。苏州前文化局局长高福民先生也为我们的采访帮忙牵线。还要特别感谢苏州设计家周晨先生为我们采访提供的便利和帮助。

风物志在文史背景下，还要关注植物本体科学性的知识，才能更好地详尽记录。苏州市蔬菜研究所原副所长鲍忠洲、苏州农林局推广站专家陈金林为我们提供了极其详尽的关于水八仙植物学和栽培学上的知识，以及苏州水八仙的种植概况。